工贸企业有限空间作业安全规定

应急管理部

应 急 管 理 出 版 社

· 北　　京 ·

图书在版编目（CIP）数据

工贸企业有限空间作业安全规定/应急管理部制定．--北京：应急管理出版社，2024（2025.3重印）

ISBN 978-7-5237-0474-5

Ⅰ.①工… Ⅱ.①应… Ⅲ.①企业管理—安全规程—中国 Ⅳ.①F279.23-65

中国国家版本馆CIP数据核字（2024）第044140号

工贸企业有限空间作业安全规定

制　　定　应急管理部
责任编辑　郑　义
编　　辑　孟　琪
责任校对　赵　盼
封面设计　解雅欣

出版发行　应急管理出版社（北京市朝阳区芍药居35号　100029）
电　　话　010-84657898（总编室）　010-84657880（读者服务部）
网　　址　www.cciph.com.cn
印　　刷　北京建宏印刷有限公司
经　　销　全国新华书店

开　　本　850mm×1168mm 1/32　**印张**　1 1/4　**字数**　19千字
版　　次　2024年3月第1版　2025年3月第2次印刷
社内编号　20231648　　**定价**　8.00元

中华人民共和国应急管理部令

第13号

《工贸企业有限空间作业安全规定》已经2023年11月6日应急管理部第28次部务会议审议通过，现予公布，自2024年1月1日起施行。

部长　王祥喜

2023年11月29日

目　　录

工贸企业有限空间作业安全规定

第一条 为了保障有限空间作业安全，预防和减少生产安全事故，根据《中华人民共和国安全生产法》等法律法规，制定本规定。

第二条 冶金、有色、建材、机械、轻工、纺织、烟草、商贸等行业的生产经营单位（以下统称工贸企业）有限空间作业的安全管理与监督，适用本规定。

第三条 本规定所称有限空间，是指封闭或者部分封闭，未被设计为固定工作场所，人员可以进入作业，易造成有毒有害、易燃易爆物质积聚或者氧含量不足的空间。

本规定所称有限空间作业，是指人员进入有限空间实施的作业。

第四条 工贸企业主要负责人是有限空间作业安全第一责任人，应当组织制定有限空间作业安全管理制度，明确有限空间作业审批人、监护人员、作业人员的职责，以及安全培训、作业审批、防护用品、应急救援装备、操作规程和应急处置等方面的要求。

第五条 工贸企业应当实行有限空间作业监护制，明确专职或者兼职的监护人员，负责监督有限空间作业安全措施的落实。

监护人员应当具备与监督有限空间作业相适应的安全知识和应急处置能力，能够正确使用气体检测、机械通风、呼吸防护、应急救援等用品、装备。

第六条 工贸企业应当对有限空间进行辨识，建立有限空间管理台账，明确有限空间数量、位置以及危险因素等信息，并及时更新。

鼓励工贸企业采用信息化、数字化和智能化技术，提升有限空间作业安全风险管控水平。

第七条 工贸企业应当根据有限空间作业安全风险大小，明确审批要求。

对于存在硫化氢、一氧化碳、二氧化碳等中毒和窒息等风险的有限空间作业，应当由工贸企业主要负责人或者其书面委托的人员进行审批，委托进行审批的，相关责任仍由工贸企业主要负责人承担。

未经工贸企业确定的作业审批人批准，不得实施有限空间作业。

第八条 工贸企业将有限空间作业依法发包给其他单位实施的，应当与承包单位在合同或者协议中约定各自的安全生产管理职责。工贸企业对其发包的有限空间作业统一协调、管理，并对现场作业进行安全检查，督促承包单位有效落实各项安全措施。

第九条 工贸企业应当每年至少组织一次有限空间作业专题安全培训，对作业审批人、监护人员、作业人员和应急救援人员培训有限空间作业安全知识和技能，并如实记录。

未经培训合格不得参与有限空间作业。

第十条 工贸企业应当制定有限空间作业现场处置方案，按规定组织演练，并进行演练效果评估。

第十一条 工贸企业应当在有限空间出入口等醒目位置设置明显的安全警示标志，并在具备条件的场所设置安全风险告知牌。

第十二条 工贸企业应当对可能产生有毒物质的有限空间采取上锁、隔离栏、防护网或者其他物理隔离措施，防止人员未经审批进入。监护人员负责在作业前解除物理隔离措施。

第十三条 工贸企业应当根据有限空间危险因素的特点，配备符合国家标准或者行业标准的气体检测报警仪器、机械通风设备、呼吸防护用品、全身式安全带等防护用品和应急救援装备，并对相关用品、装备进行经常性维护、保养和定期检测，确保能够正常使用。

第十四条 有限空间作业应当严格遵守“先通风、再检测、后作业”要求。存在爆炸风险的，应当采取消除或者控制措施，相关电气设施设备、照明灯具、应急救援装备等应当符合防爆安全要求。

作业前，应当组织对作业人员进行安全交底，监护人员应当对通风、检测和必要的隔断、清除、置换等风险管控措施逐项进行检查，确认防护用品能够正常使用且作业现场配备必要的应急救援装备，确保各项作业条件符合安全要求。有专业救援队伍的工贸企业，应急救援人员应当做好应急救援准备，确保及时有效处置突发情况。

第十五条 监护人员应当全程进行监护，与作业人员保持实时联络，不得离开作业现场或者进入有限空间参与作业。

发现异常情况时，监护人员应当立即组织作业人员撤离现场。发生有限空间作业事故后，应当立即按照现场处置方案进行应急处置，组织科学施救。未做好安全措施盲目施救的，监护人员应当予以制止。

作业过程中，工贸企业应当安排专人对作业区域持续进行通风和气体浓度检测。作业中断的，作业人员再次进入有限空间作业前，应当重新通风、气体检测合格后方可进入。

第十六条 存在硫化氢、一氧化碳、二氧化碳等中毒和窒息风险、需要重点监督管理的有限空间，实行目录管理。

监管目录由应急管理部确定、调整并公布。

第十七条 负责工贸企业安全生产监督管理的部门应当加强对工贸企业有限空间作业的监督检查，将检查纳入年度监督检查计划。对发现的事故隐患和违法行为，依法作出处理。

负责工贸企业安全生产监督管理的部门应当将存在

硫化氢、一氧化碳、二氧化碳等中毒和窒息风险的有限空间作业工贸企业纳入重点检查范围，突出对监护人员配备和履职情况、作业审批、防护用品和应急救援装备配备等事项的检查。

第十八条 负责工贸企业安全生产监督管理的部门及其行政执法人员发现有限空间作业存在重大事故隐患的，应当责令立即或者限期整改；重大事故隐患排除前或者排除过程中无法保证安全的，应当责令暂时停止作业，撤出作业人员；重大事故隐患排除后，经审查同意，方可恢复作业。

第十九条 工贸企业有下列行为之一的，责令限期改正，处5万元以下的罚款；逾期未改正的，处5万元以上20万元以下的罚款，对其直接负责的主管人员和其他直接责任人员处1万元以上2万元以下的罚款；情节严重的，责令停产停业整顿；构成犯罪的，依照刑法有关规定追究刑事责任：

（一）未按照规定设置明显的有限空间安全警示标志的；

（二）未按照规定配备、使用符合国家标准或者行业标准的有限空间作业安全仪器、设备、装备和器材的，或者未对其进行经常性维护、保养和定期检测的。

第二十条 工贸企业有下列行为之一的，责令限期改正，处10万元以下的罚款；逾期未改正的，责令停产停业整顿，并处10万元以上20万元以下的罚款，对其直接负责的主管人员和其他直接责任人员处2万元以上5万元以下的罚款：

（一）未按照规定开展有限空间作业专题安全培训或者未如实记录安全培训情况的；

（二）未按照规定制定有限空间作业现场处置方案或者未按照规定组织演练的。

第二十一条 违反本规定，有下列情形之一的，责令限期改正，对工贸企业处5万元以下的罚款，对其直接负责的主管人员和其他直接责任人员处1万元以下的罚款：

（一）未配备监护人员，或者监护人员未按规定履行岗位职责的；

（二）未对有限空间进行辨识，或者未建立有限空间管理台账的；

（三）未落实有限空间作业审批，或者作业未执行“先通风、再检测、后作业”要求的；

（四）未按要求进行通风和气体检测的。

第二十二条 本规定自2024年1月1日起施行。原国家安全生产监督管理总局2013年5月20日公布的《工贸企业有限空间作业安全管理与监督暂行规定》（国家安全生产监督管理总局令第59号）同时废止。

附录1 《工贸企业有限空间作业安全规定》解读[①]

近日，应急管理部印发《工贸企业有限空间作业安全规定》（中华人民共和国应急管理部令第13号，以下简称《规定》）。为便于理解和落实《规定》，现解读如下。

一、《规定》修订的背景和总体考虑是什么？

为进一步加强和规范工贸企业有限空间作业安全工作，有效遏制有限空间作业事故发生，应急管理部在梳理分析近年来工贸企业有限空间作业典型事故、科学总结实践经验的基础上，组织对2013年实施的《工贸企业有限空间作业安全管理与监督暂行规定》（以下简称《暂行规定》）进行了修订，期间分别征求了相关部门、行业协会、企业和社会公众的意见，经过认真研究、反复修改完善，形成《规定》。总体有三个方面考虑：

① 安全生产执法和工贸安全监督管理局.《工贸企业有限空间作业安全规定》解读［EB/OL］.［2023－12－12］［2024－01－09］https：//www.mem.gov.cn/gk/zcjd/202312/t20231212_471584.shtml.

一是落实《安全生产法》，进一步加强依法治理。《暂行规定》施行十年以来，对规范工贸企业有限空间作业安全管理、防范遏制事故发挥了重要作用。2021年《安全生产法》修改后，有关压实企业主体责任、强化安全风险辨识和隐患排查治理以及规范作业发包安全管理等要求需要在新修订的《规定》中进一步予以落实。同时，依据新修改的安全生产法、行政处罚法以及《国务院关于进一步贯彻实施〈中华人民共和国行政处罚法〉的通知》要求，对法律责任进行调整。

二是吸取事故教训，进一步突出关键环节管理。近年来，工贸企业有限空间作业事故时有发生，多是一人遇险、多人遇难，容易造成较大事故。经过认真分析2013年以来的较大事故，从事故类型看，中毒和窒息事故起数和死亡人数占事故总量的96.8%和96.9%。从危险因素看，主要是硫化氢、一氧化碳、氮气、二氧化碳等有毒有害气体。从发生部位看，污水处理系统和窑炉、槽罐等设备设施相关事故起数和死亡人数占事故总量的71.5%和73.7%；从伤亡扩大原因看，未落实安全防护措施，盲目施救相关事故起数和死亡人数占事故总量的87.4%和86.8%。有限空间作业在事故类型、作业环节、危险因素、发生部位、伤亡扩大原因等方面都比较集中。《规定》针对这些需要重点解决的突出问题，对《暂行规定》中一般性、原则性要求进行了全面修订，进一步加强有限空间作业关键环节风险防控，切实提高防范和遏制事故的有效性。

三是总结专家指导服务成果，进一步固化典型经验做法。针对有限空间事故企业普遍存在的“无知无畏”违规作业和“前赴后继”盲目施救等突出问题，今年应急管理部再次组织专家组对全国 12 个造纸、印染等企业聚集的重点县开展了专家指导服务，推动各省级应急管理部门按照统一模式，对 185 个省级重点县开展帮扶指导，排查整改问题隐患 6.5 万余项，对防范遏制工贸企业有限空间作业事故发挥了重要作用。探索推动的物理隔离、挂牌上锁等措施办法在各地实施中取得了良好成效，这些措施办法在《规定》中固化为通用性要求。

二、《规定》的主要内容是什么?

《规定》修订后，在责任落实上更加明确，关键环节管理上更加清晰，监督检查重点上更加突出，主要突出了三个方面内容：

一是要求企业必须配备有限空间作业监护人。《规定》要求工贸企业需要配备专职或者兼职的监护人员，专门负责监督有限空间作业安全措施的落实。监护人员应当具备相应的安全知识和应急处置能力，能够正确使用防护用品和应急救援装备。

作业前监护人员负责解除有限空间物理隔离措施，对通风、检测等各项风险管控措施进行检查，并确认防护用品能够正常使用且作业现场配备必要的应急救援装备。

作业中监护人员要全程进行监护，与作业人员保持实时联络，不得离开作业现场或者进入有限空间参与作业。

发现异常情况时，监护人员要立即组织作业人员撤离现场，制止未做好安全措施盲目施救。

监护人员是工贸企业有限空间作业的“关键人”和“明白人”，通过发挥监护人员的专业作用，能够在规范作业程序、有效预防事故，特别是防止伤亡扩大方面起到关键的作用。

二是突出作业审批、应急处置等关键环节安全管理。《规定》系统完善了作业审批、发包管理、专题培训、应急演练等关键环节的基础管理要求，措施的针对性和可操作性进一步增强。《规定》要求工贸企业应当根据安全风险大小，明确审批要求。对于存在硫化氢、一氧化碳、二氧化碳等中毒和窒息等风险的有限空间作业，要求由工贸企业主要负责人或者其书面委托的人员进行审批。由于相当一部分有限空间较大事故涉及外委外包，为进一步压实企业主体责任，对于发包作业的，企业要进行统一协调管理，并对现场作业进行安全检查，督促承包单位有效落实各项安全措施，防止“一包了之”。应急演练方面，更加突出现场处置的重要性，明确企业要制定现场处置方案并定期组织演练。

同时，突出警示标志、隔离措施、防护装备、作业程序等现场安全管理要求。强调有限空间出入口等醒目位置要设置警示标志，采取上锁、隔离栏、防护网等物理隔离措施，防止人员未经审批进入。要求企业配备符合标准的气体检测报警仪器、机械通风设备、呼吸防护用品、全身式安全带等防护用品和应急救援装备，并定期检测确保正常使用。严格落实“先通风、再检测、后作业”程序，作业过程中，应当持续进行通风和气体浓度检测，作业中断的，应当重新通风、气体检测合格后方可进入。

三是突出高风险有限空间监督管理。存在硫化氢、一氧化碳、二氧化碳等中毒和窒息风险的有限空间，容易造成较大事故发生，需要督促企业落实各项风险防控措施，加强监督检查。工贸企业有限空间重点监管目录将以规范性文件的形式发布，根据事故等情况适时更新调整。同时，《规定》强调要加强重大事故隐患排查整改，督促基层监管执法人员和相关企业切实提高风险隐患排查整改质量。

三、工贸企业应该重点从哪些方面，落实《规定》要求？

工贸企业量大面广，多数都涉及有限空间作业，包括地下有限空间、地上有限空间和密闭设备，涉及急性中毒、缺氧窒息等多种安全风险，危险有害因素非常复杂。落实好《规定》要求，有效防控有限空间作业风险，企业应当重点做好三个方面工作：

一是落实安全责任。企业主要负责人是第一责任人，应当结合企业实际制定有限空间作业安全管理制度，确保作业审批人、监护人员、作业人员能够各负其责。要配备专职或者兼职的监护人员，并能够正确使用气体检测、机械通风、呼吸防护、应急救援等用品装备。

二是加强基础管理。企业应当每年至少组织一次有限空间作业专题安全培训，对作业审批人、监护人员、作业人员和应急救援人员培训有限空间作业知识和技能。企业应当制定现场处置方案，每半年至少组织一次演练，确保一旦有人遇险，能够及时有效处置，伤亡不再继续扩大。发包给其他单位实施的，工贸企业要进行统一协调、管理，对现场作业进行安全检查，督促各项安全措施落实到位。

三是做好现场管理。严格实施作业审批制度，未经审批人批准，不得实施有限空间作业。作业前，应当组织对作业人员进行安全交底，严格按照“先通风、再检测、后作业”程序开展作业，监护人员应当对通风、检测和必要的风险管控措施逐项进行检查。发生有限空间作业事故后，应当立即按照现场处置方案进行应急处置，组织科学施救。参与应急救援的人员未做好安全措施盲目施救的，监护人员应当及时予以制止。

四、各级监管部门应如何推动《规定》落实?

《规定》是企业加强有限空间作业安全管理和部门开展监督检查的主要依据。为了让企业和员工能够更好地理解和落实《规定》要求，切实提高风险防范能力和水平，各级应急管理部门要通过加强宣传培训、开展帮扶指导、精准监管执法等措施，大力推动《规定》的有效落实。

一是采取多种方式，加强宣传培训。要通过举办专题培训班、制作新媒体产品、邀请专家撰写解读文章、开展事故警示等多种方式广泛开展宣贯培训，督促企业将《规定》的重点要求落实到岗位人头，做到应知尽知、应会尽会，不断强化企业责任意识，提升员工自我防护能力，让从业人员懂预防、会应急。

二是持续开展专家指导服务。省级应急管理部门要持续组织对重点地区开展帮扶，依靠专家力量对重点企业开展指导服务，更直接、更系统、更具体地帮助企业辨识管控有限空间风险、强化审批制度落实、规范现场作业管理，不断提升工贸企业有限空间作业风险防控能力和水平。

三是加强精准监管执法。应急管理部将加快制定发布有限空间重点监管目录，各级监管部门要对照重点监管目录，强化精准执法，突出涉及硫化氢、一氧化碳、二氧化碳等中毒和窒息风险的有限空间，聚焦监护人负责制以及作业审批、防护用品和应急救援装备配备等关键环节，切实提高风险隐患排查整改质量，切实提升发现问题和解决问题的强烈意愿和能力水平。对存在重大隐患和违法行为的企业，依法严格实施处罚。

附录2 应急管理部举行《工贸企业有限空间作业安全规定》专题新闻发布会①

主持人 应急管理部新闻发言人、新闻宣传司司长 申展利：

各位记者朋友，大家上午好！欢迎参加应急管理部新闻发布会。

近日，应急管理部以部令的形式公布了《工贸企业有限空间作业安全规定》，该《规定》将于2024年1月1日起施行。这是进一步加强和规范工贸企业有限空间作业安全管理、防范遏制有限空间作业事故的重要举措。今天上午举行专题新闻发布会，对《规定》进行解读。

请应急管理部安全执法和工贸监管局局长杨智慧先生、安全生产监察专员尚文启先生、副局长吴俊荣先生、二级巡视员王立忠先生介绍有关情况，并回答大家关心的问题。

---

① 中华人民共和国应急管理部官网．应急管理部举行《工贸企业有限空间作业安全规定》专题新闻发布会［EB/OL］．［2023－12－12］［2024－01－09］https：//www.mem.gov.cn/xw/xwfbh/2023n12y12rxwfbh/.

首先，请杨智慧局长介绍情况。

应急管理部安全执法和工贸监管局局长　杨智慧：

大家上午好！非常感谢大家对安全生产工作的关心和支持。应急管理部组建以来，深入贯彻落实习近平总书记关于安全生产重要论述，坚持人民至上、生命至上，按照“从根本上消除事故隐患、从根本上解决问题”的要求，不断强化安全生产基础，提升安全监管执法效能。为进一步加强和规范工贸企业有限空间作业安全工作，有效遏制有限空间作业事故发生，应急管理部在梳理分析近年来工贸企业有限空间作业典型事故、科学总结实践经验的基础上，组织对2013年公布实施的《工贸企业有限空间作业安全管理与监督暂行规定》进行修订。期间，分别征求了国家相关部门、有关企业、行业协会和社会公众的意见，并于今年7月专门召开座谈会，进一步听取企业、基层部门和有关专家的意见建议。目前，新修订的《工贸企业有限空间作业安全规定》已经应急管理部部务会议审议通过，将于2024年1月1日正式施行。主要考虑如下：

一是落实安全生产法，进一步加强依法治理。《暂行规定》十年来对规范工贸企业有限空间作业安全管理、防范遏制事故发挥了重要作用。2021年《安全生产法》修改后，有关压实企业主体责任、强化安全风险辨识和隐患排查治理以及规范作业发包安全管理等要求需要在新修订的《规定》中进一步予以落实。

二是吸取事故教训，进一步突出关键环节管理。我们对事故类型、作业环节、危险因素、发生部位、伤亡扩大等方面情况进行了系统梳理分析。对《暂行规定》中一般性、原则性要求进行了全面修订，进一步加强有限空间作业关键环节风险防控，切实提高防范和遏制事故的有效性。

三是总结专家指导服务成果，进一步固化好的经验做法。针对有限空间事故企业普遍存在的安全管理流于形式、“无知无畏”违规作业和“前赴后继”盲目施救等突出问题。2022 年以来，应急管理部组织开展了有限空间作业专家指导服务，探索推动的物理隔离、挂牌上锁等措施办法取得了良好成效，在《规定》中固化为通用性要求。

下一步，我们将督促各地和有关企业认真落实《规定》要求，聚焦有限空间作业风险突出的重点行业领域，在加强宣传培训、帮扶指导、精准执法等方面下功夫，不断提升风险防范水平，坚决防范遏制有限空间作业事故。

我先介绍这些，下面我和我的同事愿意回答大家的提问。

主持人　申展利：

谢谢杨局长的介绍。下面进入提问环节，请各位记者朋友围绕今天的发布主题提问，提问前请通报一下所在的新闻机构。

中国青年报记者：

谢谢主持人。日常生产中有很多场所涉及有限空间，但社会公众甚至有的企业人员对这样的空间也不是十分了解。请问一下，有限空间主要指哪些场所？主要的风险有哪些？谢谢！

应急管理部安全执法和工贸监管局二级巡视员 王立忠：

谢谢这位记者的提问。在日常生产中，大家比较熟悉或常见的像污水井、化粪池、沼气池，在工贸企业中像发酵池、腌渍池、纸浆池、污水处理池等等这些都是典型的有限空间。我们所说的有限空间与正常作业的场所不同，它既可以是全部封闭的，也可以是部分封闭的，既有地上的，也有地下的，这些场所一般都不是长时间工作的场所，人员只是在必要时才进入有限空间内，进行检修维修、清理清淤等临时性的作业。由于有限空间在设计上没有按照固定工作场所考虑采光、照明、通风等要求，容易造成有毒有害、易燃易爆物质积聚或氧含量不足，这些危险有害因素会导致人员中毒或者窒息，也可能导致有限空间内发生爆炸。

比较典型的有毒有害气体有硫化氢、一氧化碳，还有容易导致缺氧窒息的二氧化碳、氮气、氩气等气体，还有一些容易挥发的易燃易爆物质与空气混合容易导致燃爆事故。从工贸企业已经发生的事故来看，占比最大的就是中毒和窒息事故。最为典型的就是硫化氢中毒，硫化氢是一种无色、剧毒气体，比空气重。硫化氢易产生于污水池、纸浆池、发酵池、酱腌菜池等富含有机物并易于发酵的场所。低浓度的硫化氢有明显的臭鸡蛋气味，可被人敏感地发觉，当浓度非常高时，数秒内即可致人死亡。

近年来，工贸行业有限空间作业较大事故在造纸、酱腌菜、皮革、羽绒加工、印染等很多行业领域都发生过：如今年 8 月 31 日，辽宁盘锦德润商贸公司在进行腌制池抽水泵检维修作业时发生有限空间中毒和窒息事故，造成 4 人死亡；还有 2021 年 9 月 11 日，河北保定市一羽绒加工厂在进行污泥潜水泵检查作业时发生有限空间中毒和窒息事故，造成 6 人死亡、1 人受伤。

这些事故的一个典型特点就是“一人遇险、多人遇难”。面对同事、亲友、邻居遇难，出于人之常情，人们会义无反顾地去进行施救，但往往因为对有限空间内存在的安全风险不清楚，没有佩戴呼吸防护用品、没有配备安全带等应急救援装备，在没有做好个人防护的情况下施救，出现多人伤亡的悲剧。希望各位媒体朋友与我们一道，向社会公众多传递些有限空间作业安全知识，多一人掌握、少一分危险。谢谢。

总台央视新闻中心记者：

请问近年来工贸企业有限空间作业安全形势如何，呈现出哪些特点？存在哪些问题和制约因素？

杨智慧：

谢谢这位记者的提问。近年来，工贸企业有限空间作业事故时有发生，屡屡酿成悲剧。为了进一步明确治理重点，我们对10年来事故情况作了统计和分析。从事故类型看，中毒和窒息事故起数和死亡人数占事故总量的96.8%和96.9%。从危险因素看，主要是硫化氢、一氧化碳、氮气、二氧化碳等有毒有害气体。从发生部位看，污水处理系统和窑炉、槽罐等设备设施相关事故起数和死亡人数占事故总量的71.5%和73.7%；从伤亡扩大原因看，没有落实安全防护措施，盲目施救相关事故起数和死亡人数占事故总量的87.4%和86.8%。经过分析可以看出：有限空间作业事故在事故类型、危险因素、发生部位、伤亡扩大原因等方面都比较集中，这也是我们坚持事故导向，要重点解决的突出问题。

通过事故分析和监督检查，也反映出工贸企业有限空间作业方面还存在一些共性问题和薄弱环节：一是发生事故的行业相对集中。工贸行业中的蔬菜腌制，皮革、毛皮、羽毛（绒）加工，造纸、印染、食品加工等行业领域企业，存在腌制池、纸浆池、污水处理池等典型的有限空间，其中的有机物在厌氧状态下容易分解出硫化氢等有毒有害气体，引发急性中毒和缺氧窒息事故。二是一些企业安全防范意识十分薄弱。一些企业负责人和从业人员，不清楚本单位有限空间存在什么危险因素，对于如何防范中毒和窒息事故风险“不懂不会”，有的没有落实作业审批制度、不按操作规程开展作业，很容易由于“无知无畏”造成人员伤亡。三是部分企业从业人员安全技能不足。有的配备了防护装备但作业人员不会穿戴，有的配备了气体检测仪但不知道怎么正确使用，有的应急演练走形式，出现紧急情况不清楚救援的程序、不知道如何处置突发情况。以上这些问题和薄弱环节，也是《规定》要突出解决的短板和弱项。

新京报记者：

我们注意到，应急管理部正在大力推进工贸重点行业领域安全生产监测预警试点和推广工作，能否介绍一下这方面的情况？谢谢。

应急管理部安全生产监察专员　尚文启：

谢谢这位记者的提问。安全风险监测预警是实现安全生产关口前移、防范遏制事故的有效“技防”手段，应急管理部专门制定了重点行业领域安全监管数字化转型实施方案，努力提升从源头化解重大安全风险的数字化、智能化水平，推动安全治理模式向事前预防转型。目前，我们正按照试点探索、全面推广、巩固提升三个阶段加快推进风险监测预警工作。

一是开展试点，探索监测预警路径。2022 年，在江苏、浙江、山东、广东4个省开展了粉尘涉爆企业风险监测预警的试点工作；今年，在河北、湖北、广东、内蒙古、山东、云南开展了钢铁企业和铝加工（深井铸造）企业安全风险监测预警试点。通过试点工作，开发通用版软件系统，实现了部、省、市、县、企业5级监测数据的贯通，探索建立了报警预警的处置机制。明年，将按照数字化转型工作的统一部署，推动在30人以上的金属粉尘、木粉尘企业生产车间安装视频监控系统，在除尘系统相关安全设备设施安装数据采集的装置，融合企业电力大数据的监测，分析识别企业明停暗开、虚假离线等异常行为，智能研判违规动火作业、粉尘清理的情况，实时监测相关设施设备的运行状态，积极探索粉尘涉爆企业作业场所安全智能化管控。

二是全面推广，推动重点企业应接尽接。今年开始，在全国推广粉尘涉爆企业监测预警工作，明年开始在全国推广钢铁、铝加工企业风险监测预警系统，推动各省级应急管理部门启动系统部署，接入企业监测数据。目前，在监测预警平台已经接入了粉尘涉爆企业533家、钢铁企业56家、铝加工企业52家。计划到2025年底，推动这三类工贸企业监测联网“应接尽接”。

三是巩固提升，不断提升安全监管智能化水平。在接入企业监测数据的基础上，将不断完善风险评估模型，建立完善报警预警的处置机制，最终实现风险实时监测、动态预警、智能研判和及时地处置。通过监测预警等信息化技术的应用，为工贸企业提供全方位、立体式的风险管理手段，同时也推动传统监管模式向场景化监管、线上线下执法相结合的方式转变，不断提升监管执法的效能和水平。谢谢！

新华社记者：

新修订的《工贸企业有限空间作业安全规定》与此前的《工贸企业有限空间作业安全管理与监督暂行规定》相比有哪些新变化？谢谢。

王立忠：

谢谢这位记者的提问。我们系统分析近年来典型事故情况，结合工贸企业有限空间作业的特点，对原来的《暂行规定》进行了全面的修订。与此前相比，新公布实施的《工贸企业有限空间作业安全规定》，在责任落实上更加明确、在关键环节管理上更加清晰、在监督检查重点上更加突出，更容易让相关企业和基层部门理解和执行，主要有以下三个方面变化：

一是要求有限空间作业必须配备监护人。容易发生有限空间作业事故的工贸企业，很多规模都比较小，相当一部分是人员流动性大的小工厂、小作坊，对安全风险的防范意识相对薄弱一些。防护用品检查、作业条件确认、全程监护和制止盲目施救这些重点环节的管理对于防范事故非常重要。此次修订，很重要的一条主线就是突出了有限空间作业监护制，像指定监护人保护未成年人那样，要求工贸企业配备专职或者兼职的监护人员，监护人员要具备相应的安全知识和应急处置能力，专门负责监督有限空间作业安全措施的落实。希望通过发挥监护人员的专业作用，让监护人员真正成为工贸企业有限空间作业的“关键人”和“明白人”，在规范作业程序、有效预防事故，特别是防止伤亡扩大方面起到关键的作用。

二是突出作业审批和现场安全管理及处置。我们通过分析近年来的典型事故，认真吸取事故教训，对作业审批、发包管理、作业条件确认、应急演练等关键环节的管理要求进行了系统完善，措施的针对性和可操作性进一步增强。对于存在中毒和窒息等风险的有限空间作业，要求企业主要负责人或者其书面委托的人员进行审批；对于发包作业的，企业要进行统一协调管理，防止“一包了之”；对于应急演练，更加突出现场处置的重要性，明确企业要制定现场处置方案并定期组织演练。同时，突出警示标志、隔离措施、防护装备、作业程序等现场安全管理要求，强调有限空间出入口要设置警示标志，采取上锁、隔离栏、防护网等物理隔离措施，加上一道“看得见、摸得着”的安全措施，防止人员未经审批进入。

三是突出重点对象监督管理。对涉及硫化氢、一氧化碳、二氧化碳等中毒和窒息风险、需要重点监督管理的有限空间列出清单，实行目录管理，方便企业辨识管控这些风险高的有限空间，也让监管部门的检查更加重点突出。近期，我们将以应急管理部文件的形式发布重点监管目录。同时，《规定》还强调要加强重大事故隐患排查整改，督促基层监管执法人员和相关企业切实提高风险隐患排查整改质量。谢谢。

南方都市报记者：

重大事故隐患专项排查整治 2023 行动正在全国深入开展，工贸行业量大面广，能否介绍一下工贸行业 2023 行动的进展情况？

应急管理部安全执法和工贸监管局副局长　吴俊荣：

谢谢这位记者的提问。今年以来，各级应急管理部门认真落实国务院安委会和应急管理部党委的决策部署，深入开展工贸行业重大事故隐患专项排查整治行动，对照标准、聚焦重点、帮扶指导、严格执法，及时消除各类事故隐患，有力稳控了工贸行业安全生产形势。

一是完善标准大力宣贯。今年 4 月，依据相关法规标准，结合近年来工贸企业典型事故教训，修订出台《工贸企业重大事故隐患判定标准》（应急管理部 10 号令），明确 64 项重大隐患判定情形。配套编制标准解读材料，组织专家分行业领域逐条逐项在新媒体进行直播讲解，各级监管部门和工贸企业 21.2 万人次观看。

同时，督促各地加大宣贯力度，进一步提高企业和执法人员辨识、排查、整改重大隐患的能力。

二是推动企业自查自改。各地采取动员培训、帮扶指导、执法小分队明查暗访等各种措施推动工贸企业对照重大事故隐患判定标准，全面自查隐患、主动报告、加快整改。特别是推动企业主要负责人深刻吸取近年来典型事故教训，带头开展隐患检查，重点针对电气焊等危险作业、外包外租、逃生通道堵塞等问题细致排查、集中整改。截至目前，全国工贸企业自查发现重大隐患5.65万条，企业自查自改的积极性和能力水平有了明显提升。

三是加强精准严格执法。各级应急管理部门突出金属冶炼、粉尘涉爆、有限空间作业等重点行业领域，聚焦重点场所、环节、部位的重大事故隐患，聚焦主要负责人“依法履职”，全面开展执法检查。2023专项行动开展以来，全国执法查处工贸企业重大隐患6.19万条，行政处罚9154家，“一案双罚”2084家，停产整顿2653家，取缔关闭210家，精准治理了一批违法企业和突出问题，有力推动了工贸行业安全生产形势持续稳定。

总台《中国之声》记者：

工贸企业有限空间作业风险不尽相同，请问企业应该重点从哪些方面着手，来落实好《工贸企业有限空间作业安全规定》？

尚文启：

谢谢这位记者的提问。落实好《规定》要求，防控有限空间作业风险，企业层面应当重点做好3个方面工作：

第一个就是落实责任。企业主要负责人是第一责任人，应当结合企业的实际情况，组织制定有限空间作业安全管理制度，确保作业审批人、监护人员、作业人员能够各负其责。要配备专门的监护人员，并能够正确使用气体检测、机械通风、呼吸防护、应急救援等仪器装备。

第二个就是加强基础管理。特别是要做好专题培训和应急演练，企业应当制定现场处置方案，每半年至少组织一次演练，确保一旦有人遇险，能够及时有效处置，避免伤亡扩大。发包给其他单位实施的，企业要进行统一协调、管理，督促检查各项安全措施能够落实到位。

第三个就是做好现场作业管理。严格实施作业审批制度，审批人没有批准，不得开展有限空间作业。作业前，应当组织对作业人员进行安全交底，严格按照“先通风、再检测、后作业”程序开展作业，监护人员要对通风、检测等风险管控措施逐项进行检查。发生有限空间作业事故后，马上进行应急处置，组织科学施救。参与救援的人员未做好安全措施千万不能盲目施救，监护人员应当及时制止这种最为危险的行为。

凤凰卫视记者：

我们了解到，特种作业人员从事的作业安全风险比较高，需要持证上岗。请问应急管理部在加强特种作业人员监管服务方面采取了哪些措施呢？谢谢。

吴俊荣：

谢谢您的提问。目前，持有应急管理部门核发证书的特种作业人员约为 1700 万人，他们从事的作业安全风险高、环境相对复杂，容易引发生产安全事故，必须给予高度关注。为了进一步加强特种作业人员安全培训，切实提升特种作业人员的安全素质和安全技能，应急管理部从顶层设计上正在推动以下五方面重点工作。

一是加强规章制度建设。针对培训“走过场”专项整治及日常培训监管中遇到的问题，加快修订《特种作业人员安全技术培训考核管理规定》等部门规章，在制度层面实施取消部分特种作业人员学历要求，合理延长特种作业操作证复审时间，优化取证办理流程，推行特种作业考试取证跨省通办等便民利企举措，进一步加强和规范培训考试工作。

二是加强培训机构管理。组织修订《安全生产培训机构基本条件》行业强制性标准，从培训机构的规章制度、师资力量、教学管理、培训场地、设备设施、线上培训等方面明确了基本要求。该标准出台后，我们将在全国范围组织开展一轮培训机构全覆盖核查，坚决淘汰不符合基本条件的培训机构，切实提升培训机构能力水平。

三是全面修订考试题库。组织修订电工、高处作业等特种作业考试题库，2024 年 1 月将正式启用修订后的考试题库进行全国统一考试。之后将按照每年题库更新 10% 的要求修订考试题库，持续提升考试题库质量。

四是坚持严格考核把关。我们正在组织研究起草安全生产考试标准化建设规范，从软硬件方面提升考试机构和考试点的建设标准和管理水平，有效发挥考试的“指挥棒”作用。督促指导各地加强考试工作，规范考试机构和考试点管理，建强考务队伍，严肃考风考纪，严格考核把关，推动考试质量上台阶。

五是创新监管服务模式。聚焦电气焊作业存在的供需不平衡、无证人员较多、违规作业频发等突出问题，坚持关口前移、数字赋能，研究构建“互联网 + 特种作业人员管理服务”系统，实现作业报告、培训服务、供需对接、分析研判等 8 项功能，创新电气焊作业人员监管服务模式。目前正在浙江省、福建省和无锡市开展系统试点，明年将在全国推广应用。

中国应急管理报记者：

今年以来，应急管理部持续组织联合执法小分队开展明查暗访，请问一下目前相关工作的进展如何？谢谢！

尚文启：

谢谢这位记者的提问。今年4月开始，应急管理部持续抽调地方安全生产和消防执法骨干，我们也邀请记者朋友参加，组成联合执法小分队，常态化开展明查暗访工作。

一是聚焦重点，查处了一批违法行为。针对多起重大事故暴露出的突出问题和容易造成群死群伤的重大事故隐患，聚焦全国重大事故隐患专项排查整治2023年行动各阶段重点工作要求，研究确定明查暗访重点事项，到目前为止，已经组织了16支联合执法小分队，采取“四不两直”的方式，随机抽查了河北、河南、安徽等16个省份80个区县的196家企业和单位，发现违法行为及问题隐患614条。

二是压实责任，整改了一批问题隐患。明查暗访结束后，及时印发督促整改函，将检查情况和问题隐患清单反馈属地政府及其相关监管部门，督促严格落实整改责任，强化问题隐患闭环管理，对违法违规行为形成严抓严管的高压态势。目前，根据相关省份反馈的整改报告看，检查发现的问题隐患已经基本整改到位。

三是警示宣传，曝光了一批典型案例。聚焦电气焊动火作业、外包外租、安全出口方面的风险隐患，制作了系列新媒体产品，连续在应急管理部官网、新媒体平台推出了 6 期视频片，百余家新闻媒体和网站平台推送，累计观看量超过 8000 万次。

下一步，我们将继续组织联合执法小分队加强明查暗访力度，对工贸行业发生较大以上典型事故的地区，通过明查暗访方式对所在地区重大事故隐患排查整治等情况进行抽查评估；对企业未认真组织开展排查或者查出问题以后拒不整改导致重大事故隐患长期存在的，依法从严处罚。涉嫌犯罪的，依法移送司法机关追究刑事责任；对于监管执法人员查出重大事故隐患后跟踪整改闭环不到位导致发生事故的，将严肃追责问责，切实提升监管执法人员发现问题和解决问题的强烈意愿和能力水平。

谢谢！

经济日报记者：

许多工贸企业规模较小，员工安全素养参差不齐，请问下一步应急管理部将如何推动《工贸企业有限空间作业安全规定》的有效落实？谢谢！

杨智慧：

谢谢记者的提问。《工贸企业有限空间作业安全规定》是企业加强有限空间作业安全管理和部门开展监督检查的主要依据。为了让企业和员工能够更好地理解和落实《规定》的要求，切实提高风险防范的能力和水平，应急管理部将通过加强三个方面的工作，大力推动《规定》的落实。

一是加强宣传培训。今天举行新闻发布会就是请新闻媒体帮助我们大力宣传，让更多的企业和人员知晓《规定》、落实《规定》。此外，我们还将通过举办专题的培训班、制作新媒体产品、邀请专家撰写解读文章、开展事故警示等多种方式广泛地开展宣贯培训，督促企业将《规定》的重点要求落实到岗位、落实到人头，做到应知尽知、应会尽会，不断强化企业的责任意识，提升员工的自我防范能力，让从业人员懂预防、会应急。

二是加强专家指导。依靠专家的力量对重点企业开展指导服务，这是防范有限空间安全风险的有效途径，能够更直接、更系统、更具体地帮助企业辨识管控有限空间的风险、强化审批制度落实、规范现场作业管理。今年，应急管理部组织专家组对全国造纸、印染等企业聚集的12个重点县开展了专家指导服务，各省级应急管理部门也按照这个模式，对185个省级重点县开展帮扶指导，共排查整改问题隐患6.5万余项，对防范遏制工贸企业有限空间作业的事故发挥了重要的作用。下一步，我们将持续对重点地区开展帮扶指导，通过以上率下、以点带面帮助工贸企业不断提升有限空间作业风险防控能力和水平。

三是加强监管执法。应急管理部将加快制定发布有限空间重点监管目录，推动各级监管部门强化精准执法，突出涉及硫化氢、一氧化碳、二氧化碳等中毒和窒息风险的有限空间，聚焦监护人负责制以及作业的审批、防护用品使用和应急救援装备配备等关键环节，切实提高风险隐患排查的整改质量，切实提升发现问题和解决问题的强烈意愿和能力水平。对存在重大隐患和违法行为的企业，也毫不手软依法严格实施处罚。

谢谢！

主持人　申展利：

好，今天的发布会到此结束，感谢各位记者朋友，再见！